U0052391

麵疙瘩100%料理

來自母親的一口溫馨

麵疙瘩，也稱為「貓耳朵」，或叫做「麵粉粿仔」。這本食譜喚醒了我藏在心中無限的懷念，想起母親在做麵疙瘩的神情，小時候我們是三代同堂的大家庭，有三十幾口人要吃飯。記得每當下雨天媽媽就會製作不同形狀，不同口味的麵疙瘩，所以那時候很喜歡下雨天，因為可以吃到不一樣的麵疙瘩，這種溫馨的感覺彷彿不曾遠離。

當時，母親那麼年輕、健康、漂亮，還很會打理家務，無論烹調料理、裁縫做衣服、稻田耕作、種菜，無論粗細活樣樣精通，為了家計還挑菜到市場兜售換取現金，補貼家用。爸爸是忠厚老實人，又熱心公益，所以家庭經濟，就由母親承擔；母親非常孝順公婆，在村子裡是有口皆碑，對子女的愛護更是無微不至，母親她付出了一生的青春歲月，無私、不求回報地將生命奉獻給了我們。時光飛逝，轉眼間，歲月偷偷地從我們身邊溜走，不知何時母親已經白髮蒼蒼。

以前農村生活很苦，看天吃飯，天晴時全家都得到田裡工作，只有下雨天才能在家，母親就會利用下雨天，將教會分給我們的麵粉，作成這道叫做「麵粉粿仔」的料理，有加地瓜搓揉的則叫「番薯鹹」。直至今日我都非常懷念孩提時，全家只吃這一鍋番薯鹹，就能感到幸福快樂的情境，因此，我稱它稱為「農村幸福快樂餐」。

記得那個年代天主教常到鄉村發放麵粉、奶粉，所以我們戲稱天主教為麵粉教，相信這是大部分四、五年級生的共同記憶。台灣能有今日的經濟繁榮，還是要感謝曾幫助我們走過悲情年代的天主教、基督教。

這本食譜能順利的完成，完全都要感恩從小就就開始教導我的母親，讓我能夠傳承母親烹調的手藝，擁有今天的成就。在此也要建議親愛的讀者們，家中若有小朋友，請不要拒絕他們成長過程中任何正當性的學習機會，小時候能在父母身邊學習，說不定長大後會青出於藍。

CONTENTS
目錄

序言

來自母親的一口溫馨

Part 1

異國風麵疙瘩

Part 2

中式麵疙瘩

原味麵疙瘩

» 材料

高筋麵粉	1杯
水	1/2杯
鹽	1小匙

» 作法

1 高筋麵粉、鹽、水攪拌均勻成團，醒麵約十分鐘。

2 以大火燒開半鍋水，轉中火，以筷子取適量的粉漿慢慢地推進鍋內。以滾水煮至粉漿固定成型。

3 撈起，漂涼備用。

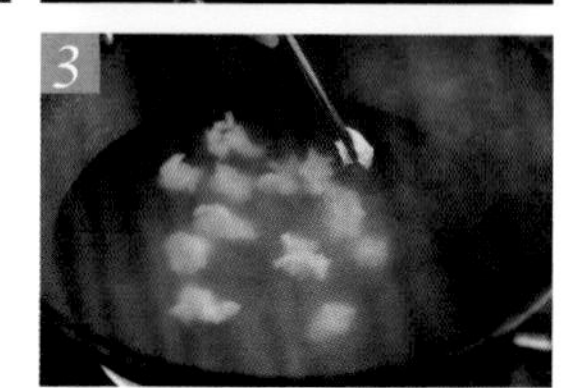

芝麻麵疙瘩

» 材料

高筋麵粉	1杯
鹽	1小匙
水	1/2杯
芝麻	10公克
胡蘿蔔	1/2條

» 作法

1 芝麻、胡蘿蔔末、高筋麵粉、鹽、水一起拌勻，搓揉成團，醒麵約十分鐘。

2 再揉成長條狀，切小丁段的芝麻麵疙瘩。

3 以大火燒開半鍋水，將芝麻麵疙瘩放入鍋內，以大火煮熟。

4 撈起，漂涼備用。

甜菜根麵疙瘩

» 材料

材料	份量
高筋麵粉	1杯
水	1/2杯
鹽	1小匙
甜菜根	1/4個

» 作法

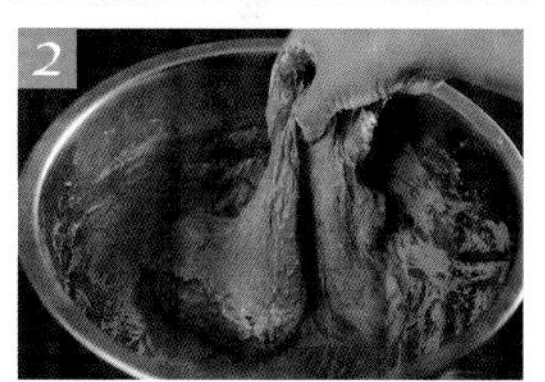

1. 甜菜根洗淨去皮後切片，放入果汁機加入水，打成汁。倒入高筋麵粉攪拌均勻成團，醒麵約十分鐘。
2. 揉成長條狀，切小段，以大拇指稍微輕輕壓扁，作成貓耳朵或以筷子取適量的粉漿慢慢地進鍋內做麵疙瘩。
3. 以大火燒開半鍋水，將貓耳朵放入鍋內，以大火煮熟。
4. 撈起，漂涼備用。

胡蘿蔔麵疙瘩

» 材料

材料	份量
高筋麵粉	1杯
鹽	1小匙
水	1/4杯
胡蘿蔔	1/2條

» 作法

1. 胡蘿蔔切小塊放入果汁機，加水打成汁，取出加入高筋麵粉拌勻。
2. 加入鹽一起拌勻，搓揉成團，醒麵約十分鐘。
3. 再揉成長條狀，切小丁段，以手輕輕壓扁成胡蘿蔔麵疙瘩。
4. 以大火燒開半鍋水，將胡蘿蔔麵疙瘩放入鍋內以大火煮熟。
5. 撈起，漂涼備用。

地瓜麵疙瘩

» 材料

細地瓜粉	1杯
糖	1小匙
地瓜	1條

» 作法

1 地瓜去皮後洗淨，切成片入電鍋蒸熟。

2 取出地瓜放入鋼盆中，放入細地瓜粉、糖攪拌均匀，一起搓揉成團。

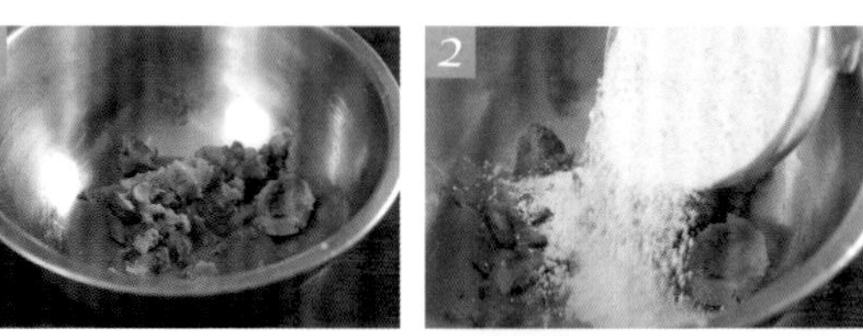

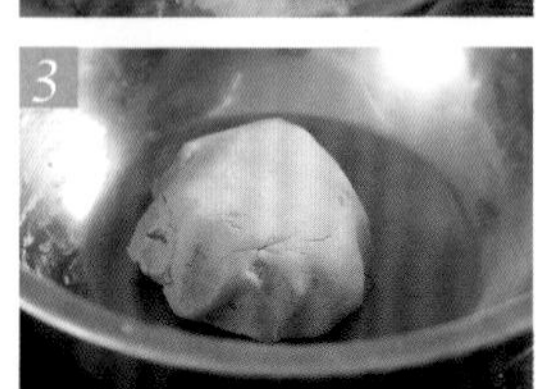

3 再分小段揉成長條狀的地瓜麵疙瘩。

4 以大火燒開半鍋水，將地瓜麵疙瘩放入鍋內，以大火煮熟。

5 撈起，漂涼備用。

杜仲麵疙瘩

» 材料

高筋麵粉	1杯
鹽	1小匙
水	1/2杯
杜仲	10公克

» 作法

1 高筋麵粉、杜仲末、鹽、水一起拌匀，調成粉漿。

2 以大火燒開半鍋水，轉中火，以筷子取適量的粉漿慢慢推進鍋內。

3 以滾水煮至粉漿固定成型。

4 撈起，漂涼備用。

芋頭麵疙瘩

» 材料

材料	份量
細地瓜粉	1杯
糖	1小匙
芋頭	1條

» 作法

1 芋頭洗淨後去皮，切片後放入電鍋蒸熟。

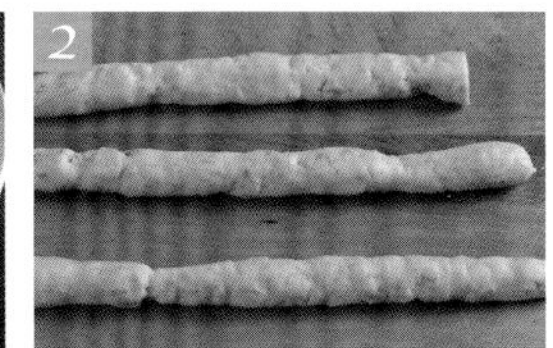

2 取出芋頭放入鋼盆中，倒入細地瓜粉、糖攪拌均勻，一起搓揉成團。

3 再揉成長條狀，切小丁段的芋頭麵疙瘩。

4 以大火燒開半鍋水，將芋頭麵疙瘩放入鍋內，以大火煮熟。

5 撈起，漂涼備用。

抹茶麵疙瘩

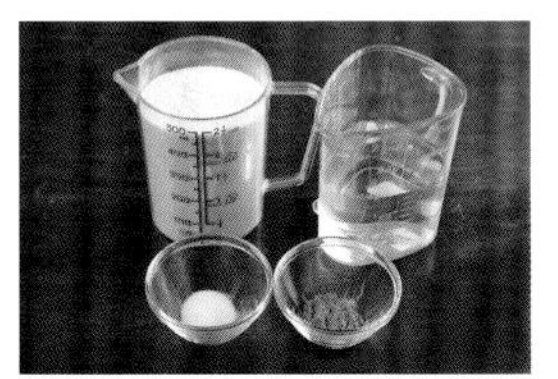

» 材料

材料	份量
高筋麵粉	1杯
鹽	1小匙
水	1/2杯
抹茶	10公克

» 作法

1 高筋麵粉、抹茶、鹽、水一起拌勻，調成粉漿。

2 以大火燒開半鍋水，轉中火，以筷子取適量的粉漿推進鍋內。

3 以滾水煮至粉漿固定成型。

4 撈起，漂涼備用。

南瓜麵疙瘩

» 材料

材料	份量
高筋麵粉	1杯
鹽	1小匙
植物油	1小匙
南瓜	1/4個

» 作法

1. 南瓜洗淨後去皮，去籽後切片，放入電鍋蒸熟。
2. 取出南瓜放入鋼盆中，倒入高筋麵粉、鹽、植物油攪拌均勻揉成團，醒麵約十分鐘，揉成長條狀，切成小段，以大拇指稍微輕輕壓扁，作成貓耳朵。
3. 以大火燒開半鍋水中，將貓耳朵放入鍋內，以大火煮熟。
4. 撈起，漂涼備用。

蒟蒻麵疙瘩

» 材料

材料	份量
蒟蒻粉	10公克
高筋麵粉	1杯
鹽	1小匙
水	1/2杯

» 作法

1. 蒟蒻粉與高筋麵粉、鹽一起拌勻。
2. 加水攪拌均勻，揉成麵團，醒麵約十分鐘。
3. 先揉成長條狀，再切成丁，然後以大拇指輕輕壓扁，作成貓耳朵。
4. 以大火燒開半鍋水中，將貓耳朵放入鍋內以大火煮熟。
5. 撈起後，漂涼備用。

彩虹麵疙瘩

» 材料

南瓜麵疙瘩	(P.10)	原味麵疙瘩	(P.6)
抹茶麵疙瘩	(P.9)	芋頭麵疙瘩	(P.9)
甜菜根麵疙瘩	(P.7)	胡蘿蔔麵疙瘩	(P.7)
杜仲麵疙瘩	(P.8)		

» 作法

1 將南瓜麵疙瘩、抹茶麵疙瘩、甜菜根麵疙瘩、杜仲麵疙瘩、原味麵疙瘩、芋頭麵疙瘩、胡蘿蔔麵疙瘩，每種顏色以擀麵棍擀薄，然後一層一層重疊起來，捲成圓筒長形，再切成薄片。

2 以大火燒開半鍋水中，將彩虹麵疙瘩放入鍋內，大火煮熟。

3 撈起，漂涼備用。

金包銀疙瘩

» 材料

細地瓜粉	1杯
高筋麵粉	1杯
鹽	1小匙
水	1/2杯
南瓜	1/4個

» 作法

1 高筋麵粉、鹽一起拌勻。

2 加水攪拌均勻，揉成麵團，醒麵約十分鐘，再揉成一小塊長條狀。

3 南瓜蒸熟，取出瓜泥，加入細地瓜粉揉成團，再切小塊壓扁成片狀。

4 取白色麵團小塊長條將南瓜麵團包捲作成金包銀。

Part 1

異國風麵疙瘩

韓國泡菜、日本抹茶、印度咖哩、
你想到的異國風味，
都在一碗碗的麵疙瘩裡，
口齒留香的好滋味，
直到夜晚也還溫暖滿懷。

時蔬麵疙瘩。

» 材料（1人份）

a. 高筋麵粉1杯、水1/2杯、鹽1小匙

b. 地瓜葉50公克、胡蘿蔔30公克
南瓜30公克、地瓜30公克
鮮香菇2朵、青江菜1棵、香菜1棵

» 調味料

鹽1小匙、胡椒粉1小匙

主廚的貼心小叮嚀

麵疙瘩煮湯時可以先燙熟再加入其他食材，湯頭會比較清澈，亦可不用先燙，直接與其他食材一起烹煮，湯頭較濁但鮮。

» 作法

1. 製作原味麵疙瘩（參閱P.6）漂涼備用。
2. 香菜洗淨、切末；胡蘿蔔、南瓜、地瓜去皮後切塊；香菇洗淨；地瓜葉去老梗洗淨；青江菜洗淨後去蒂頭。
3. 起油鍋，放入香菇炒香，鍋中放入適量的水（約八分滿，亦可用燙煮麵疙瘩的水）以大火燒開後，將地瓜葉、胡蘿蔔、南瓜、地瓜、青江菜放入煮熟，再加入煮熟的麵疙瘩，以鹽、胡椒粉調味，最後放入香菜，即可起鍋盛盤。

韓風泡菜麵疙瘩。

» 材料（1人份）

a.高筋麵粉	1杯
水	1/2杯
鹽	1小匙
b.韓國泡菜	100公克
紅甜椒	30公克
黃甜椒	30公克
九層塔	少許

» 調味料

韓國泡菜湯汁	適量
黑胡椒	適量

» 作法

1 製作原味麵疙瘩（參閱P.6）漂涼備用。

2 起鍋放入適量的水（約八分滿，亦可以燙煮麵疙瘩的水）煮滾後放入韓國泡菜與韓國泡菜湯汁熬湯。

3 紅甜椒、黃甜椒洗淨後去籽、切條；九層塔洗淨。

4 熬煮至湯汁變濃稠時，再放入麵疙瘩，煮熟後放入紅甜椒、黃甜椒、九層塔、鹽、黑胡椒粉調味，即可起鍋盛碗了。

主廚的貼心小叮嚀

韓風泡菜麵疙瘩的湯汁較濃，可以直接以煮麵疙瘩的水作為湯底。

和風麵疙瘩。

» 材料（1人份）

a.高筋麵粉	1杯
水	1/2杯
鹽	1小匙
b.蘆筍	3根
海帶結	3個
番茄	1個
蒟蒻	2片

» 調味料

醬油	1大匙
烏醋	1大匙
味醂	1大匙
檸檬汁	1大匙

» 作法

1. 製作原味麵疙瘩（參閱P.6）漂涼備用。
2. 醬油、烏醋、味醂、檸檬汁調成和風醬。
3. 蘆筍、海帶結、蒟蒻分別放入滾水燙熟，將三者與麵疙瘩、番茄擺入盤中，再淋上和風醬即可。

主廚的貼心小叮嚀

一般和風醬裡都有柴魚片，柴魚片是葷食，素食者不適合使用，所以素食的和風醬裡就少了柴魚片的味道。

抹茶麵疙瘩。

» 材料（1人份）

a.高筋麵粉	1杯
水	1/2杯
鹽	1小匙
抹茶	10公克
b.南瓜	50公克
百合	1/2粒
青辣椒	3條
薑	2片
綜合堅果仁	1大匙

» 調味料

香菇素蠔油	1小匙
香油	1大匙
糖	1大匙
烏醋	1小匙
番茄醬	1大匙

» 作法

1. 製作抹茶麵疙瘩（參閱P.9）漂涼備用。
2. 南瓜去皮，切滾刀塊；薑切絲；百合剝片、洗淨；香菇素蠔油、香油、糖、烏醋、番茄醬調成醬汁。
3. 起鍋，放入少許香油，燒熱，以中火炒香薑、青辣椒、南瓜炒熟，放入抹茶麵疙瘩拌勻，食用時淋上醬汁，撒入綜合堅果仁即可。

主廚的貼心小叮嚀

抹茶粉與麵粉拌勻後再慢慢加水調勻，揉成麵團後再捏小塊入鍋煮熟。

印度咖哩麵疙瘩。

» 材料（1人份）

a.高筋麵粉	1杯
水	1/2杯
鹽	1小匙
b.馬鈴薯	1個
胡蘿蔔	1/2條
綠辣椒	5根
草菇	10個
九層塔	少許
檸檬葉	3片

» 調味料

花椒	1小匙
辣味咖哩粉	1大匙
奶油	1大匙
椰奶	1大杯
鹽	1小匙
糖	1小匙

» 作法

1 製作原味麵疙瘩（參閱P.6）漂涼備用。

2 馬鈴薯、胡蘿蔔洗淨後切塊；綠辣椒洗淨、去籽、切丁；草菇、九層塔、檸檬葉洗淨。

3 另起一鍋，放入奶油，以中火炒香花椒，放入馬鈴薯塊、胡蘿蔔塊、檸檬葉、辣味咖哩粉、椰奶、鹽、糖拌炒均勻後，放入2杯水，要蓋過馬鈴薯，燒至馬鈴薯、胡蘿蔔熟透，再放入麵疙瘩、綠辣椒、草菇、九層塔炒勻，撈掉檸檬葉即可起鍋盛盤。

主廚的貼心小叮嚀

料理咖哩時要轉小火，烹調時要不停攪拌，否則容易黏鍋；以筷子戳戳看馬鈴薯，若能插入就是熟透了。

納豆麵疙瘩。

材料（1人份）

a.高筋麵粉	1杯	鹽	1小匙
水	1/2杯		
b.納豆	1/2杯	鮮香菇	2朵
胡蘿蔔	1/2條	蒟蒻	2片
蘋果	1個	毛豆仁	1大匙

調味料

味噌	2大匙	椰奶	1大匙

作法

1 製作原味麵疙瘩（參閱P.6）漂涼備用。

2 胡蘿蔔、蘋果去皮、洗淨並切塊，蘋果泡鹽水；香菇洗淨、切丁；蒟蒻切片。

3 味噌、椰奶拌勻，調成醬汁。

4 胡蘿蔔塊、蒟蒻、毛豆仁、香菇丁，分別放入滾水中燙熟後，與蘋果塊、納豆放在麵疙瘩上，食用時與醬汁一起拌勻即可。

主廚的貼心小叮嚀

納豆對身體健康有益，在日本長壽村的居民，更將納豆視為生活中不可缺的重要食物。

焗烤麵疙瘩。

» 材料（1人份）

材料	份量	材料	份量
a.高筋麵粉	1杯	鹽	1小匙
水	1/2杯		

材料	份量	材料	份量
b.洋菇	6個	綠色花椰菜	6小朵
紅甜椒	1/2個	迷迭香	1支
黃甜椒	1/2個	起司絲	100公克
南瓜	1/10個		

» 調味料

材料	份量	材料	份量
鹽	1小匙	糖	1大匙
奶油	1大匙	黑胡椒粉	適量

» 作法

1 製作原味麵疙瘩（參閱P.6）漂涼備用。

2 洋菇洗淨、切片；綠色花椰菜洗淨、分小朵；紅甜椒、黃甜椒洗淨、去籽、切塊；南瓜洗淨、切塊；迷迭香洗淨後撕碎備用。

3 起鍋放入奶油、洋菇、綠色花椰菜、紅甜椒、黃甜椒、南瓜，以中火炒香後，放入麵疙瘩，以鹽、糖、黑胡椒粉調味，加入少許水拌炒幾下（不用炒熟，只是讓食材完全拌均勻）盛起放入烤盤中，撒入起司絲、迷迭香，放入預熱至160℃的烤箱烤5分鐘。

主廚的貼心小叮嚀

烤箱需預熱10分鐘，上下火要全開。

照燒麵疙瘩。

» 材料（1人份）

a.高筋麵粉	1杯
水	1/2杯
鹽	1小匙
b.小黃瓜	1條
熟芝麻	少許
紅辣椒末	少許
香菜末	少許

» 調味料

味醂	1大匙
醬油	1大匙
烏醋	1大匙
香油	1大匙
糖	1大匙
植物油	少許

主廚的貼心小叮嚀

熟芝麻比較黃，生芝麻顏色較白需要炒熟。

作法

1 製作原味麵疙瘩（參閱P.6）漂涼備用。

2 小黃瓜洗淨、切片，排盤底。

3 起鍋熱鍋放少許油燒熱，以中火爆香紅辣椒末後，轉小火，放入糖、醬油、烏醋、味醂，再加入麵疙瘩一起拌炒，燒至入味，淋上香油，即可起鍋盛盤，最後撒上香菜末、熟芝麻即可。

松子麵疙瘩。

» 材料（1人份）

a.高筋麵粉	1杯
水	1/2杯
鹽	1小匙
b.青江菜	3棵
胡蘿蔔	1/2條
南瓜	1/4個
松子	1/2杯

» 調味料

芝麻醬	1大匙
醬油	1大匙
香油	1大匙
糖	1大匙

主廚的貼心小叮嚀

超市有售炸熟的松子，若要自己炸，則用冷油小火慢炸，不停翻拌，稍微變金黃色就馬上撈起，否則容易燒焦，亦可放入預熱至100℃的烤箱烤5分鐘。

» 作法

1. 製作原味麵疙瘩（參閱P.6）漂涼備用。
2. 青江菜洗淨、去蒂頭；胡蘿蔔、南瓜洗淨、切塊後燙熟；松子放入炸鍋中炸熟（或放入烤箱烤熟）。
3. 芝麻醬、醬油、香油、糖加半碗水放入鍋中，以中小火慢慢拌勻，調成醬汁。
4. 將青江菜、胡蘿蔔、南瓜排盤後，放入麵疙瘩，淋上醬汁，撒入松子即可上桌。

彩虹麵疙瘩。

» 材料（1人份）

a.南瓜麵疙瘩（P.10）
抹茶麵疙瘩（P.9）
甜菜根麵疙瘩（P.7）
杜仲麵疙瘩（P.8）
原味麵疙瘩（P.6）
芋頭麵疙瘩（P.9）
胡蘿蔔麵疙瘩（P.7）

b.	
南瓜	50公克
番茄	1/6個
青江菜	2棵
薑	2片

» 調味料

鹽	1小匙
植物油	1大匙
糖	1大匙
胡椒粉	適量

» 作法

1 請參閱彩虹麵疙瘩作法（參閱P.11）漂涼備用。

2 重疊七色麵團，揉成長條，切成薄片，入滾水鍋中煮熟，撈起用。

3 青江菜洗淨、去蒂頭、燙熟；南瓜去皮、去籽、切小丁；番茄切花備用。

4 鍋中放入少許油燒熱，以中火爆香薑、南瓜，放入少許水，待南瓜熟，再放入麵疙瘩拌炒，拌均勻後以鹽、糖、胡椒粉調味，即可起鍋盛盤，再擺入青江菜、番茄作盤飾。

主廚的貼心小叮嚀

彩虹麵疙瘩不論是乾炒或煮湯都很適合。

味噌湯麵疙瘩。

» 材料（1人份）

材料	份量
a.高筋麵粉	1杯
水	1/2杯
鹽	1小匙
b.青江菜	1棵
胡蘿蔔	1/2條
洋菇	2朵
白蘿蔔	1/2條
白果	5粒

» 調味料

調味料	份量
粗味噌醬	1大匙
香油	1大匙
糖	1大匙

» 作法

1 製作原味麵疙瘩（參閱P.6）漂涼備用。

2 青江菜洗淨、去蒂頭；胡蘿蔔、洋菇、白蘿蔔洗淨後切塊。

3 起鍋，放入適量的水（約八分滿，亦可用燙煮麵疙瘩的水）以大火燒開，加入粗味噌醬、糖，轉小火，慢慢攪拌均勻後，放入胡蘿蔔、洋菇、白蘿蔔、白果煮熟，再放入青江菜、麵疙瘩煮熟，調味後滴上幾滴香油即可。

主廚的貼心小叮嚀

使用粗味噌醬時，先轉小火，慢慢攪拌均勻後，才可以放入食物，否則粗味噌醬結團，味道較不均勻。

fuuka

乳香麵疙瘩。

» 材料（1人份）

a.高筋麵粉	1杯
水	1/2杯
鹽	1小匙
b.綠色花椰菜	1/3棵
胡蘿蔔	1/2條
南瓜	1/4個
油條	1條

» 調味料

豆腐乳	2塊
辣椒醬	1小匙
香油	1大匙
糖	1大匙

» 作法

1 製作原味麵疙瘩（參閱P.6）漂涼備用。

2 綠色花椰菜洗淨、分小朵；胡蘿蔔、南瓜洗淨、切塊、燙熟；油條切塊，與麵疙瘩排入盤中。

3 起鍋，放入適量的水，先燒開鍋中的半杯水，再放入豆腐乳，轉小火，慢慢攪拌均勻後，調勻辣椒醬、香油、糖作為醬汁，再淋上置於盤上的麵疙瘩即可。

主廚的貼心小叮嚀

先燒開水，再放入豆腐乳，轉小火，慢慢攪拌均勻後，醬汁口感較佳，若不喜歡辣味就不用加辣椒醬。

焗烤椰香麵疙瘩。

» 材料（1人份）

a.高筋麵粉	1杯
水	1/2杯
鹽	1小匙
b.青椒	1/2個
紅甜椒	1/2個
黃甜椒	1/2個
起司絲	1杯
海苔細絲	少許

» 調味料

椰奶	80公克
味噌	1小匙
奶油	1大匙
糖	1大匙

» 作法

1 製作原味麵疙瘩（參閱P.6）漂涼後排盤。

2 青椒、紅甜椒、黃甜椒洗淨後去籽、切片。

3 起鍋，放入1杯水，燒開後再放入椰奶，轉小火，慢慢攪拌均勻後，放入味噌、奶油、糖調勻成醬汁，淋置於排盤的麵疙瘩上，撒入起司絲、海苔細絲，再放入預熱至160℃的烤箱烤15分鐘即可。

主廚的貼心小叮嚀

焗烤的醬汁水要多一點，才不易烤焦。

鐵板燒麵疙瘩。

» 材料（1人份）

a.高筋麵粉	1杯
水	1/2杯
鹽	1小匙
b.青豆仁	1/2杯
胡蘿蔔丁	1/4杯
玉米粒	1/2杯
鮮香菇	1朵

» 調味料

番茄醬	1大匙
甜辣醬	1大匙
香椿醬	1小匙
醬油	半小匙
白葡萄酒	1大匙
紅葡萄酒	1大匙
奶油	少許
起司粉	適量

» 作法

1. 製作原味麵疙瘩（參閱P.6）漂涼備用。
2. 拌勻番茄醬、甜辣醬、香椿醬、醬油、白葡萄酒、紅葡萄酒等調味料，作成醬汁。
3. 鐵板放在瓦斯爐上以中火燒5分鐘，待鐵板燒紅後，以夾子夾起，放置於鐵板專用的木板上。
4. 在鐵板上抹上少許奶油，放入麵疙瘩、青豆仁、胡蘿蔔丁、玉米粒、香菇丁，淋上醬汁後迅速蓋上鍋蓋，才不會被醬汁噴到，等鍋蓋內的鐵板麵疙瘩發出的聲音較小時，才掀開鍋蓋，撒上起司粉，拌勻後即可食用。

主廚的貼心小叮嚀

端鐵板麵疙瘩手要捧著木板，小心手被燙傷，淋上醬汁後迅速蓋上鍋蓋，才不會被醬汁噴到。

義大利麵疙瘩。

» 材料（1人份）

a.高筋麵粉	1杯
水	1/2杯
鹽	1小匙
b.青椒	1/2個
黃甜椒	1/2個
紅甜椒	1/2個
洋菇	3個
草菇	3個
紅蒟蒻	1片
杏鮑菇	1條
鮮香菇	2朵

» 調味料

鹽	1小匙
鮮奶	3大匙
鮮奶油	1大匙
橄欖油	1大匙
高筋麵粉	1大匙
糖	1大匙
洋香菜	適量
黑胡椒粉	適量

» 作法

1 製作原味麵疙瘩（參閱P.6）漂涼備用。

2 鍋中加入橄欖油，加入高筋麵粉，以中火炒香，加入1杯水及鮮奶，攪拌均勻作為醬汁。

3 青椒、黃甜椒、紅甜椒洗淨、去籽、切丁；洋菇、草菇、杏鮑菇、香菇洗淨後去蒂，切丁；紅蒟蒻洗淨，放入滾水汆燙後切丁。

4 鍋中加入少許鮮奶油，以中火炒香後，再放入青椒丁、黃甜椒丁、紅甜椒丁、洋菇丁、草菇丁、紅蒟蒻丁、杏鮑菇丁、香菇丁，以中火炒熟，再放入麵疙瘩，加入鹽、糖拌炒均勻，起鍋盛盤後淋上醬汁，再撒上洋香菜、黑胡椒粉即可上桌。

主廚的貼心小叮嚀

醬汁用高筋麵粉來炒，比較香、濃、稠。

芥末麵疙瘩。

» 材料（1人份）

a.高筋麵粉	1杯
水	1/2杯
鹽	1小匙
b.青江菜	1棵
胡蘿蔔	1/2條
南瓜	1小塊
番茄	半個

» 調味料

巴西利	1枝
糖	1大匙
鹽	1小匙
白醋	1大匙
胡椒粉	1小匙
青芥末粉	1小匙
沙拉醬	1包

» 作法

1 製作原味麵疙瘩（參閱P.6）漂涼備用。

2 巴西利加入糖、鹽、白醋、胡椒粉、青芥末粉、沙拉醬打成醬汁備用。

3 青江菜洗淨、去蒂頭；胡蘿蔔、南瓜、番茄洗淨後切塊。

4 青江菜、胡蘿蔔、南瓜、番茄，放入滾水燙熟，加入麵疙瘩拌炒均勻，再淋上醬汁即可。

主廚的貼心小叮嚀

如果買不到巴西利，可改用香菜或九層塔。

Part 2

中式麵疙瘩

家鄉的好滋味，
每一口都滿足好心情，
麻醬、茄汁、沙茶、紅麴……
媽媽最愛的幾道拿手菜，
是永遠吃不膩的好味道。

麻醬麵疙瘩。

» 材料（1人份）

a.高筋麵粉1杯、水1/2杯、鹽1小匙
b.鮮香菇1朵、小白菜50公克

» 調味料

芝麻醬1大匙、醬油1大匙、
香油1大匙、糖1大匙

主廚的貼心小叮嚀

芝麻醬、醬油、香油、糖不容易拌勻，可加入少許熱開水較容易拌開。

» 作法

1 製作原味麵疙瘩（參閱P.6）煮熟後撈起，盛盤備用。

2 香菇、小白菜洗淨；小白菜切段。

3 香菇、小白菜一起放入滾水中燙熟，撈起，盛入盤中。

4 取芝麻醬、醬油、香油、糖，加入適量熱開水一起拌勻，調成醬汁，淋入麵疙瘩即可。

麻辣麵疙瘩。

» 材料（1人份）

a.高筋麵粉	1杯
水	1/2杯
鹽	1小匙
b.大白菜	50公克
金針菇	30公克
黑木耳	1朵
南瓜	50公克
胡蘿蔔	30公克
紅辣椒	1根
薑	3片

» 調味料

植物油	1大匙
花椒	1小匙
辣椒醬	1大匙
糖	1小匙
醬油	1小匙
黑胡椒粉	適量

» 作法

1 製作原味麵疙瘩（參閱P.6）漂涼備用。

2 洗淨大白菜、金針菇、黑木耳洗淨；胡蘿蔔洗淨、切片；南瓜洗淨、切塊。

3 起鍋，待鍋燒乾，放入植物油1大匙，以小火炒香花椒後，把花椒撈掉，以剩餘花椒油炒香辣椒醬、糖、醬油，再把辣椒、薑以中火爆香，放入大白菜、金針菇、胡蘿蔔、黑木耳、南瓜放入鍋中略炒幾下，放入適量的水（約八分滿，亦可用燙煮麵疙瘩的水）。

4 待水滾開，放入煮熟的麵疙瘩，待料煮熟，撒入黑胡椒粉，即可起鍋盛碗。

主廚的貼心小叮嚀

炒花椒油需要時間較長，可以用花椒油直接炒辣椒醬；麻味是花椒，辣味是辣椒。

五味麵疙瘩。

» 材料（1人份）

a.高筋麵粉	1杯
水	1/2杯
鹽	1小匙
b.小黃瓜	1/2條
胡蘿蔔	1/4條
黃甜椒	1/2個

» 調味料

植物油	1大匙
花椒	1小匙
辣椒醬	1大匙
糖	1大匙
醬油	1大匙
烏醋	1大匙
香油	1大匙
黑胡椒粉	適量

» 作法

1. 製作原味麵疙瘩（參閱P.6）煮熟後撈起，盛入盤中。
2. 小黃瓜、胡蘿蔔、黃甜椒洗淨、切絲，燙熟後擺在麵疙瘩上。
3. 起鍋待鍋燒乾，放入植物油，以小火炒香花椒後，把花椒撈掉，用剩餘花椒油炒香辣椒醬、糖，待糖溶解後，放入醬油、烏醋、香油、黑胡椒粉拌勻即可，淋在麵疙瘩上。

主廚的貼心小叮嚀

炒花椒油時請小火慢炒，才不會燒焦有苦味，此步驟需要時間較長，也可用花椒油直接炒辣椒醬。此道料理亦可作為涼拌，冷食、熱食兩相宜。

三色麵疙瘩。

» 材料（1人份）

地瓜麵疙瘩	1杯
抹茶麵疙瘩	1杯
芋頭麵疙瘩	1杯
蕨菜	100公克

» 調味料

紅色話梅	2粒
烏梅汁	1大匙
香菇素蠔油	1大匙
味醂	1大匙
橄欖油	1大匙

» 作法

1. 製作地瓜麵疙瘩（參閱P.8）抹茶麵疙瘩（參閱P.9）芋頭麵疙瘩（參閱P.9）漂涼備用。
2. 將煮熟的地瓜麵疙瘩、抹茶麵疙瘩、芋頭麵疙瘩撈起後，漂涼放入碗中。
3. 蕨菜洗淨，放入滾水鍋燙熟後，也放入碗中。
4. 取下紅色話梅果肉切碎，與烏梅汁、香菇素蠔油、味醂、橄欖油調均勻，淋在三色麵疙瘩上就完成了。

主廚的貼心小叮嚀

所謂「三色麵疙瘩」就是三種顏色配在一起，可以任選自己喜歡的口味。

翡翠麵疙瘩。

» 材料（1人份）

a.高筋麵粉	1杯
水	1/2杯
鹽	1小匙
b.絲瓜	1條
紅甜椒	半個
黃甜椒	半個

» 調味料

鹽	1小匙
糖	1小匙
植物油	1小匙
胡椒粉	適量

» 作法

1 絲瓜去皮、洗淨後切成三段，對半剖開成半圓形，再將絲瓜肉去掉，取絲瓜皮切絲、泡水；紅、黃甜椒洗淨、切絲後泡水備用。

2 製作原味麵疙瘩（參閱P.6）煮熟後撈起備用。

3 起炸油鍋（份量外）燒熱後，放入絲瓜、紅甜椒、黃甜椒、麵疙瘩等快速過油（約10秒鐘）後撈起。

4 另起鍋，放入少許水，待水滾放入絲瓜、紅甜椒、黃甜椒、麵疙瘩拌炒，調味料調味後即可起鍋盛盤。

主廚的貼心小叮嚀

絲瓜要用菜刀刮才能留下外層翠綠皮部分，不要用刨刀削皮否則就失去翠綠的美觀與青脆的口感。

南瓜麵疙瘩。

» 材料（1人份）

a.高筋麵粉	1杯
鹽	1小匙
植物油	1大匙
b.南瓜	1/2個
莧菜	100公克
新鮮蓮子	30公克
枸杞	少許

» 調味料

鹽	1小匙
胡椒粉	適量

» 作法

1 製作南瓜麵疙瘩（參閱P.10）煮熟後撈起，漂涼備用。

2 莧菜、新鮮蓮子（去芯）洗淨；枸杞泡水備用。

3 起鍋，放入適量的水（約八分滿，亦可用燙煮麵疙瘩的水）待水滾開了放入莧菜、新鮮蓮子、南瓜麵疙瘩共煮，放入鹽、胡椒粉調味，最後放入枸杞，就可起鍋盛盤。

主廚的貼心小叮嚀

最後再放枸杞，枸杞的味道較佳且色澤較美。

地瓜麵疙瘩。

» 材料（1人份）

a.細地瓜粉	1杯
地瓜	1條
糖	1小匙
b.乾香菇	2朵
紅棗	5粒

» 調味料

醬油	1小匙
鹽	1小匙
胡椒粉	1小匙
植物油	少許

» 作法

1. 製作地瓜麵疙瘩（參閱P.8）漂涼備用。
2. 香菇洗淨、泡軟切塊；紅棗去籽備用。
3. 起油鍋，放入香菇，以中火炒香，再放入適量的水（約八分滿，亦可用燙煮麵疙瘩的水）以大火燒開後，將香菇、紅棗、地瓜麵疙瘩放入鍋內煮，再放醬油、鹽、胡椒粉調味後即可起鍋盛盤。

主廚的貼心小叮嚀

地瓜蒸熟後，要趁熱加細地瓜粉、糖一起搓揉成團，如此口感才會Q。

芋頭麵疙瘩。

» 材料（1人份）

材料	份量
a.細地瓜粉	1杯
芋頭	1條
糖	1大匙
植物油	1大匙
b.珊瑚菇	30公克
白果	30公克
胡蘿蔔	10公克
美生菜	2片

» 調味料

調味料	份量
海山醬	1大匙
鹽	1小匙
胡椒粉	少許
植物油	少許

» 作法

1. 製作芋頭麵疙瘩（參閱P.9）漂涼備用。
2. 珊瑚菇、白果、胡蘿蔔洗淨、切丁；美生菜洗淨。
3. 起油鍋，放入珊瑚菇、白果、胡蘿蔔，以中火炒香，放入鹽、胡椒粉調味，再放入煮熟的芋頭麵疙瘩一起拌炒均勻。
4. 取盤放入美生菜鋪底，放入作法3的所有材料，最後淋上海山醬即可。

主廚的貼心小叮嚀

芋頭蒸熟後，要趁熱先搓揉均勻，再加少許油、細地瓜粉、糖一起搓揉成團，如此口感才會Q；要食用時再加入油條才不會軟掉而影響口感。

芝麻麵疙瘩。

» 材料（1人份）

a.高筋麵粉	1杯
水	1/2杯
鹽	1小匙
b.青江菜	2棵
胡蘿蔔	1/4條
玉米筍	4支
芝麻	1/4杯

» 調味料

桔子醬	1大匙
檸檬汁	1小匙
香菇素蠔油	1大匙
果糖	1小匙

» 作法

1. 胡蘿蔔去皮、洗淨、切塊；青江菜洗淨；玉米筍洗淨，三者分別放入滾水鍋中燙熟，作為盤飾用；桔子醬、檸檬汁、香菇素蠔油、果糖調和成醬汁。
2. 製作芝麻麵疙瘩（參閱P.6）漂涼備用。
3. 將煮熟的芝麻麵疙瘩盛入盤中，擺上盤飾後撒上芝麻，再淋上醬汁即可上桌。

主廚的貼心小叮嚀

芝麻加入高筋麵粉中攪拌，會產生脆脆的口感，很類似魚卵的口感喔！

百菇麵疙瘩。

» 材料（1人份）

材料	份量	材料	份量
a.高筋麵粉	1杯	鹽	1小匙
水	1/2杯		

材料	份量	材料	份量
b.柳松菇	1/3包	珊瑚菇	1/3包
白晶菇	3根	草菇	6粒
杏鮑菇	1根	洋菇	6粒
鴻喜菇	1/3包	胡蘿蔔	1/2條
鮮香菇	2朵	玉米筍	3支

» 調味料

調味料	份量	調味料	份量
鹽	1大匙	香油	1大匙
烏醋	1大匙	黑胡椒粉	適量

» 作法

1. 製作原味麵疙瘩（參閱P.6）漂涼備用。
2. 所有材料b洗淨備用。
3. 起鍋，放入適量的水（約八分滿，亦可用燙煮麵疙瘩的水）以大火燒開，放入柳松菇、白晶菇、杏鮑菇、鴻喜菇、香菇、珊菇、杏鮑菇、鴻喜菇、香菇、珊瑚菇、草菇、洋菇、蘿蔔、玉米筍煮熟，再放入麵疙瘩，除香油外調味料調味後，滴上幾滴香油即可盛盤上桌。

主廚的貼心小叮嚀

百菇麵疙瘩的材料種類較多適合做火鍋。

五行麵疙瘩。

» 材料（1人份）

材料	份量
南瓜麵疙瘩	1/2杯
原味麵疙瘩	1/2杯
抹茶麵疙瘩	1/2杯
芋頭麵疙瘩	1/2杯
杜仲麵疙瘩	1/2杯
熟松子	1大匙
水蓮	50公克

» 調味料

調味料	份量
醬油	1大匙
烏醋	1大匙
香油	1大匙
糖	1小匙
鹽	1/2小匙

» 作法

1. 製作南瓜麵疙瘩（參閱P.10）原味麵疙瘩（參閱P.6）抹茶麵疙瘩（參閱P.9）芋頭麵疙瘩（參閱P.9）杜仲麵疙瘩（參閱P.8）漂涼備用。
2. 將水蓮洗淨，燙熟後切小段。
3. 將醬油、烏醋、香油、糖、鹽調均勻作為醬汁。
4. 將已煮熟的南瓜麵疙瘩、原味麵疙瘩、抹茶麵疙瘩、芋頭麵疙瘩、杜仲麵疙瘩放入盤中，擺上水蓮，撒入熟松子，食用時淋上醬汁即可。

主廚的貼心小叮嚀

此料理亦可將醬汁從鍋邊嗆入拌炒，會產生特別滋味的香氣。

燒南瓜麵疙瘩。

» 材料（1人份）

a.高筋麵粉	1杯
水	1/2杯
鹽	1小匙
b.綠色花椰菜	1/4個
胡蘿蔔	1/2條
南瓜	1/個
薑	3片

» 調味料

奶油	1大匙
鹽	1小匙
糖	1小匙
香菜	適量
檸檬葉	適量

» 作法

1. 製作原味麵疙瘩（參閱P.6）漂涼備用。
2. 綠色花椰菜洗淨，切小朵；胡蘿蔔、南瓜洗淨後切塊；薑洗淨、切片。
3. 起鍋放入奶油，以中火炒香薑，再放入胡蘿蔔、南瓜拌炒後，放入3杯的水，加入檸檬葉，將材料煮熟，再放入綠色花椰菜、麵疙瘩，撒入香菜，再以鹽、糖調味，燒至入味，起鍋前撈起檸檬葉即可盛盤。

主廚的貼心小叮嚀

檸檬葉也可以香茅、肉桂葉代替，均可在一般超市購得。泰式料理一般偏重於又酸又辣口味，烹調時建議依個人口味斟酌調和。

茄汁麵疙瘩。

» 材料（1人份）

a.高筋麵粉	1杯
水	1/2杯
鹽	1小匙
b.番茄	1個
鳳梨片	2片
毛豆	1大匙

» 調味料

番茄醬	2大匙
烏醋	1大匙
香油	1大匙
糖	1大匙
植物油	少許

» 作法

1. 製作原味麵疙瘩（參閱P.6）漂涼備用。
2. 番茄、鳳梨洗淨後切片；毛豆洗淨，放入滾水中燙熟。
3. 起鍋，放入香油燒熱，以中火將番茄醬、糖、烏醋拌炒均勻，作成醬汁。
4. 另起鍋放入番茄片、鳳梨片、毛豆、麵疙瘩，拌炒均勻後盛起擺盤，淋上醬汁即可上桌。

主廚的貼心小叮嚀

番茄醬的茄紅素用油炒過後更能提升茄紅素的生理價值，味道更香。此料理亦可與所有材料、麵疙瘩、醬汁一起拌煮更入味。

紅油麵疙瘩。

» 材料（1人份）

a.高筋麵粉	1杯	鹽	1小匙
水	1/2杯		
b.綠色花椰菜	1/4個	紅辣椒	1條
胡蘿蔔	1/2條	薑	2片
香菜	1棵		

» 調味料

花椒	1小匙	糖	1小匙
辣椒醬	1大匙	植物油	少許
香油	1大匙		

» 作法

1 製作原味麵疙瘩（參閱P.6）漂涼備用。

2 綠色花椰菜洗淨，切小朵；胡蘿蔔去皮，洗淨、切塊；香菜、辣椒、薑洗淨、切末。

3 起鍋放入油燒熱，以中火炒香花椒、薑，再放辣椒醬、糖，放入1杯水，待水滾開，撈起花椒、辣椒醬渣，放入麵疙瘩、香菜、辣椒拌炒均勻，滴入香油即可起鍋盛盤。

主廚的貼心小叮嚀

做紅油料理一定要先炒香花椒、薑、辣椒醬後，入水煮出味道，再把殘渣撈掉，做出來的料理才會可口又美觀。

沙茶麵疙瘩。

» 材料（1人份）

a.高筋麵粉	1杯
水	1/2杯
鹽	1小匙
b.九層塔	少許
紅甜椒	1/2個
鮮香菇	2朵
薑	2片
紅辣椒	1條

» 調味料

沙茶醬	1大匙
糖	1大匙
香油	1大匙
植物油	少許

» 作法

1 製作原味麵疙瘩（參閱P.6）漂涼備用。

2 九層塔洗淨、去老梗；紅甜椒洗淨、去籽、切絲；香菇、辣椒、薑洗淨、切絲。

3 起鍋放入油燒熱，以中火炒香薑、辣椒，再放沙茶醬、糖，放入麵疙瘩、胡蘿蔔、香菇、紅甜椒炒勻，放入少許水炒熟，滴入香油即可起鍋盛盤。

主廚的貼心小叮嚀

沙茶醬炒香後再入食材煮出香氣更棒。

霓裳麵疙瘩。

» 材料（1人份）

a.高筋麵粉	1杯
胡蘿蔔	1/2條
水	1/2杯
鹽	1小匙
b.熟腰果	30公克
白果	30公克
皇宮菜	50公克
鮮香菇	2朵

» 調味料

奶油	1大匙
鮮奶	1大匙
鹽	1小匙
胡椒粉	適量

» 作法

1 製作胡蘿蔔麵疙瘩（參閱P.7）漂涼備用。

2 皇宮菜洗淨、切段；香菇洗淨、切丁；奶油、鮮奶調成醬汁。

3 起鍋放入白果、皇宮菜、香菇，以中火炒熟，再放入胡蘿蔔麵疙瘩、熟腰果、鹽、胡椒粉拌炒均勻，起鍋盛盤後再淋上醬汁即可。

主廚的貼心小叮嚀

熟腰果在一般超市即可購；熟腰果食用時才加入口感更讚。

銀芽炒麵疙瘩。

» 材料（1人份）

a.高筋麵粉	1杯
水	1/2杯
鹽	1小匙
b.豆芽菜	150公克
胡蘿蔔	1/2條
芹菜	1棵
紅辣椒	1/2條

» 調味料

鹽	1小匙、
烏醋	1大匙
香油	1大匙
糖	1大匙
胡椒粉	適量
植物油	少許

» 作法

1 作原味麵疙瘩（參閱P.6）漂涼備用。

2 豆芽菜洗淨、去頭尾；胡蘿蔔、芹菜、辣椒洗淨、切絲。

3 起鍋加入少許油燒熱，放入豆芽菜、胡蘿蔔、芹菜、辣椒，以中火炒香，放入麵疙瘩，以鹽、糖、烏醋、香油、胡椒粉調味，加入少許水拌炒，讓食材完全拌勻入味即可盛起放入盤中。

主廚的貼心小叮嚀

豆芽菜去頭尾後就是「銀芽」，銀芽易炒，但是要炒熟才不會有腥味。

書香麵疙瘩。

» 材料（1人份）

a.高筋麵粉	1杯	鹽	1小匙
水	1/2杯		
b.當歸	3公克	白芍	3公克
川芎	3公克	桂枝	3公克
熟地	6公克		
c.青江菜	3棵	鮮香菇	2朵
胡蘿蔔	1/2條	洋菇	2朵
南瓜	1/4個	枸杞	少許

» 調味料

香油	1大匙	鹽	1大匙
糖	1大匙		

» 作法

1. 製作原味麵疙瘩（參閱P.6）漂涼備用。
2. 青江菜洗淨、去蒂頭；胡蘿蔔、南瓜、香菇洗淨、切塊。
3. 當歸、川芎、熟地、白芍、桂枝用小布包包起，入4杯水鍋熬湯汁約半小時後，再放入青江菜、胡蘿蔔、南瓜、香菇、洋菇、枸杞、麵疙瘩煮熟，加以調味料調味，食用時再把小布包取出。

主廚的貼心小叮嚀

用小布包包起當歸、川芎、熟地、白芍、桂枝，先入鍋熬成湯汁再料理，吃的時候才不會有殘渣。

什錦麵疙瘩。

» 材料（1人份）

材料	份量
a.高筋麵粉	1杯
水	1/2杯
鹽	1小匙
b.青豆仁	1大匙
胡蘿蔔	1/2條
南瓜	1/4個
紅甜椒	1/8個
黃甜椒	1/8個
玉米筍	2條

» 調味料

調味料	份量
鹽	1小匙
烏醋	1大匙
香油	1大匙
糖	1小匙
胡椒粉	適量

» 作法

1. 青豆仁洗淨；紅甜椒、黃甜椒洗淨、去籽、切丁；胡蘿蔔、南瓜、玉米筍洗淨、切丁。
2. 製作原味麵疙瘩（參閱P.6）漂涼備用。
3. 鍋中的麵疙瘩成型時，放入胡蘿蔔、青豆仁、南瓜、玉米筍、紅、黃甜椒煮熟，調味後即可盛盤。

主廚的貼心小叮嚀

「什錦」就是添加很多種食材的料理，可依個人喜好加入喜歡吃的食物。

紅麴麵疙瘩。

» 材料（1人份）

a.高筋麵粉	1杯
水	1/2杯
紅麴醬	1大匙
b.甜豆	50公克
鮮香菇	2朵
胡蘿蔔	1/2條
草菇	5個
白果	5個

» 調味料

紅麴醬	1大匙
糖	1大匙
肉桂粉	適量

» 作法

1. 製作原味麵疙瘩（參閱P.6）漂涼備用。
2. 甜豆去老梗、洗淨；胡蘿蔔、香菇洗淨、切塊。
3. 起鍋以小火炒香紅麴醬，再倒入糖炒至溶解，放入少許水，待水滾再放入甜豆、胡蘿蔔、香菇、草菇、白果炒熟，放入麵疙瘩拌勻，最後放入肉桂粉調味，即可盛起上桌。

主廚的貼心小叮嚀

紅麴麵疙瘩可炒、可煮湯；亦可把紅麴醬加入麵粉中作成紅麴麵疙瘩，再做任何調味的料理，可參考芋頭麵疙瘩作法。

酸辣麵疙瘩羹。

» 材料（1人份）

a.高筋麵粉	1杯	鹽	1小匙
水	1/2杯		

b.酸菜仁	2片	香菜	2棵
胡蘿蔔	1/2條	辣椒	1條
鮮香菇	2朵	薑絲	少許
黑木耳	2片	芹菜末	少許
紅蒟蒻	1片	太白粉	1大匙
金針菇	1/2包		

» 調味料

烏醋	1大匙	糖	1大匙
白醋	1大匙	胡椒粉	適量
香油	1大匙		

» 作法

1. 將酸菜仁、胡蘿蔔、香菇、木耳、紅蒟蒻、金針菇、香菜、辣椒、薑洗淨、切絲；蒟蒻放入滾水汆燙備用。
2. 製作原味麵疙瘩（參閱P.6）漂涼備用。
3. 起鍋放入適量的水（約八分滿的水，亦可用燙煮麵疙瘩的水）放入酸菜仁、胡蘿蔔、香菇、木耳、紅蒟蒻、金針菇、辣椒、薑及麵疙瘩一起煮熟，調味後，以太白粉加10毫升水勾芡，再放入芹菜末、香菜即可盛起，最後再加入烏醋。

主廚的貼心小叮嚀

酸辣麵疙瘩的辣是胡椒粉的辣，烏醋在起鍋後加入味道較香，否則會變苦澀。

魚香麵疙瘩。

» 材料（1人份）

a.高筋麵粉	1杯
水	1/2杯
鹽	1小匙
b.茄子	1條
胡蘿蔔	1/2條
九層塔	少許
鮮香菇	1朵
薑末	少許

» 調味料

酒釀	1大匙
香菇素蠔油	1大匙
味醂	1大匙
胡椒粉	適量
植物油	1大匙

» 作法

1 製作原味麵疙瘩（參閱P.6）漂涼備用。

2 茄子、胡蘿蔔、香菇洗淨、切片。

3 起鍋放入少許油燒熱，以中火炒香薑末、香菇、茄子、胡蘿蔔、九層塔，再放入麵疙瘩炒熟後盛盤。

4 再起一鍋放酒釀、香菇素蠔油、味醂、胡椒粉作成醬汁，食用時淋在麵疙瘩上即可。

主廚的貼心小叮嚀

烹調此道料理的水要蓋過食物，收汁收到汁液變稠就可以，不要收太乾。

金菇炒麵疙瘩。

» 材料（1人份）

a.高筋麵粉	1杯
水	1/2杯
鹽	1小匙
b.金菇	1把
紅蔣蔔	1片
黑木耳	1小片
芹菜	1棵
紅辣椒	1條
薑絲	少許

» 調味料

鹽	1小匙
烏醋	1大匙
香油	1大匙
糖	1大匙
胡椒粉	適量
香油	適量
植物油	少許

主廚的貼心小叮嚀

金菇炒麵疙瘩適合用胡椒粉提味。

» 作法

1. 製作原味麵疙瘩（參閱P.6）漂涼備用。
2. 金菇、紅蔣蔔、黑木耳、芹菜洗淨、切絲；辣椒洗淨、去籽、切絲；薑切絲；蔣蔔放入滾水汆燙。
3. 起鍋，放入少許油燒熱，以中火炒香薑、辣椒，再放入金菇、紅蔣蔔、黑木耳、芹菜炒熟，再加入麵疙瘩一起入鍋炒，放入其餘調味料後即可盛起。

甜菜根麵疙瘩。

» 材料（1人份）

a.高筋麵粉	1杯
水	1/2杯
鹽	1小匙
b.甜菜根	1/4個
百合	1個
水蓮	50公克
紅甜椒	1/4個
黃甜椒	1/4個

» 調味料

植物油	1大匙
鹽	1小匙
糖	1小匙
胡椒粉	適量

» 作法

1 製作甜菜根麵疙瘩（參閱P.7）漂涼備用。

2 起鍋放入油燒熱，放入百合以中火炒香，加入少許開水，再放入麵疙瘩、水蓮、紅、黃甜椒調味後即可起鍋盛盤。

主廚的貼心小叮嚀

以筷子插插看便可知道麵疙瘩熟了沒，可以插入即可，此料理不能炒太久，否則色澤會變得不美觀。

蒟蒻麵疙瘩。

» 材料（1人份）

材料	份量
a.高筋麵粉	1杯
蒟蒻粉	10公克
水	1/2杯
鹽	1小匙
b.鮮香菇	3朵
白果	6粒
紅蒟蒻	2片
九層塔	少許
紅辣椒	1條
薑絲	少許

» 調味料

花椒	1小匙
辣椒醬	1大匙
醬油	1大匙
烏醋	1大匙
香油	1大匙
糖	1大匙
植物油	少許

» 作法

1 製作蒟蒻麵疙瘩（參閱P.10）漂涼備用。

2 香菇、紅蒟蒻洗淨、切片；蒟蒻放入滾水中汆燙；辣椒洗淨、去籽、切絲；薑切片；白果、九層塔洗淨。

3 起鍋放入少許油燒熱，以中火炒香薑、辣椒，再放入香菇、紅蒟蒻、白果炒熟，再加入麵疙瘩一起入鍋拌炒，放入其餘調味料調味後再加入九層塔，炒熟後即可盛起。

主廚的貼心小叮嚀

蒟蒻粉要先與高筋麵粉、鹽一起拌勻後，再加水拌勻，揉成麵團，否則蒟蒻粉加水會先凝固就不容易揉成麵團。

金包銀麵疙瘩。

» 材料（1人份）

a.高筋麵粉	1杯
水	1/2杯
鹽	1小匙
南瓜	1/4個
地瓜粉	1杯
b.梅干菜	30公克
蕨菜	80公克
薑絲	少許
紅辣椒絲	少許
洋芋片	5片

» 調味料

鹽	1小匙
植物油	1大匙
糖	1大匙
胡椒粉	適量

» 作法

1 製作金包銀麵疙瘩（參閱P.11）漂涼備用。

2 梅干菜泡軟洗淨、切末；蕨菜去老梗、洗淨、切段。

3 鍋中放入半鍋水，以大火燒開後轉中火，將金包銀放進鍋內滾水中煮，煮至金包銀熟，調味後盛入盤中。

4 起鍋放入1/2植物油，以中火爆香薑絲、辣椒絲，放入梅干菜炒香，加入少許的水煮熟，放入糖、胡椒粉調味，盛入金包銀盤中。

5 另起一鍋放入1/2植物油，以中火炒熟蕨菜，放入鹽調味，盛入金包銀盤中擺好。

6 取洋芋片拍碎，撒在金包銀上，即可上桌。

主廚的貼心小叮嚀

梅干菜煮熟先用糖調味是要降低梅干菜的鹹味；亦可再加入蕨菜一起炒熟，就不用再加鹽調味。也可以把金包銀一起混合炒，味道相當棒！

杜仲麵疙瘩。

» 材料（1人份）

a.高筋麵粉	1杯
水	1/2杯
鹽	1小匙
杜仲末	1大匙
b.娃娃菜	2棵
山藥	100公克
海苔素鬆	50公克

» 調味料

鹽	1小匙

» 作法

1. 製作杜仲麵疙瘩（參閱P.8）漂涼備用。
2. 娃娃菜放入滾水燙熟，拌入鹽調味，擺入盤中；山藥去皮，磨成泥，淋在杜仲麵疙瘩上，撒上海苔素鬆，即可盛盤食用。

主廚的貼心小叮嚀

此料理對氣血循環，身體虛弱、腰痠背痛、筋骨痠痛有益。

素炒麵疙瘩。

» 材料（1人份）

a.高筋麵粉	1杯
水	1/2杯
鹽	1小匙
b.胡蘿蔔	1/2條
西洋芹	1棵
黑木耳	1片
紅蒟蒻	1片

» 調味料

鹽	1大匙
香油	1大匙
糖	1大匙
胡椒粉	適量
植物油	少許

» 作法

1 製作原味麵疙瘩（參閱P.6）漂涼備用。

2 胡蘿蔔、木耳、紅蒟蒻洗淨、切片；蒟蒻放入滾水中汆燙；西洋芹洗淨、切段。

3 起鍋放入少許油燒熱，放入胡蘿蔔、木耳、紅蒟蒻、西洋芹以中火炒香，再放入麵疙瘩拌炒，拌勻後以鹽、香油、糖、胡椒粉調味，即可起鍋盛盤上桌。

主廚的貼心小叮嚀

可預先作大量的麵疙瘩放在冰箱冷凍，想吃的時就可以立即取用，很方便！

宮保麵疙瘩。

» 材料（1人份）

a.高筋麵粉	1杯
水	1/2杯
鹽	1小匙
b.青椒	1/2個
胡蘿蔔	1/2條
薑	3片
乾辣椒	6條
熟剝皮花生	50公克

» 調味料

花椒	1小匙
鹽	1小匙
醬油	1大匙
烏醋	1大匙
香油	1大匙
糖	1大匙
植物油	少許

» 作法

1. 製作原味麵疙瘩（參閱P.6）漂涼備用。
2. 青椒洗淨、去籽、切丁；胡蘿蔔洗淨、切丁；薑洗淨、切片；乾辣椒切段。
3. 起鍋放入少許油燒熱，以中火爆香花椒後，撈掉花椒，放入薑、乾辣椒爆香，再放胡蘿蔔、青椒、麵疙瘩炒熟。
4. 拌勻鹽、醬油、烏醋、香油、糖，從鍋邊嗆入，調味後快速拌炒，最後放入熟剝皮花生片炒均勻，即可起鍋盛入盤中。

主廚的貼心小叮嚀

宮保一定要有乾辣椒，熟剝皮花生片要最後放才不會軟掉，影響口感。

香椿麵疙瘩。

» 材料（1人份）

a.高筋麵粉	1杯
水	1/2杯
鹽	1小匙
b.柳松菇	半包
薑	3片
紅蒟蒻	1片
紅甜椒	1/4個
黃甜椒	1/4個
金針菇	1/2包

» 調味料

香椿醬	1大匙
鹽	1大匙
香油	1大匙
糖	1大匙
胡椒粉	適量
植物油	少許

» 作法

1 製作原味麵疙瘩（參閱P.6）漂涼備用。

2 柳松菇、薑、紅甜椒、黃甜椒洗淨、切丁；蒟蒻洗淨、切片，放入滾水汆燙；金針菇洗淨，剝成一絲一絲備用。

3 起鍋放入少許油燒熱，以中火爆香後入薑、香椿醬，再放柳松菇、胡蘿蔔、金針菇、麵疙瘩炒熟，以鹽、糖、香油調味，快速拌炒，最後放入胡椒粉炒均勻，即可起鍋盛入盤中。

主廚的貼心小叮嚀

香椿有去瘀血、活血效用。香椿有蔥的香味，若喜歡蔥的味道可用香椿替代。

醬爆麵疙瘩。

» 材料（1人份）

a.高筋麵粉	1杯
水	1/2杯
鹽	1小匙
b.玉米筍	3支
毛豆	1/4杯
紅蒟蒻	1片
白果	5個
薑末	少許

» 調味料

甜麵醬	1大匙
辣椒醬	1小匙
醬油	1小匙
香油	1大匙
糖	1小匙

» 作法

1. 製作原味麵疙瘩（參閱P.6）漂涼備用。
2. 蒟蒻、玉米筍洗淨、切丁；蒟蒻放入滾水汆燙。
3. 另起香油鍋燒熱，以中火爆香甜麵醬、辣椒醬、醬油、糖，加少許水煮開，放入玉米筍、蒟蒻、白果、毛豆炒熟，再加入麵疙瘩一起拌炒均勻即可。

主廚的貼心小叮嚀

甜麵醬要先爆炒過才會香，因為有的醬料顏色過黑，所以加入少許辣椒醬讓色澤更佳美觀。此道料理因是乾的，所以水不要放太多，否則影響口感。

養生麵疙瘩。

» 材料（1人份）

a.高筋麵粉	1杯	鹽	1小匙
水	1/2杯		
b.地瓜葉	1把	紅棗	6粒
胡蘿蔔	1/2條	當歸	2片
南瓜	1/4個	黃耆	10片
地瓜	1條		

» 調味料

鹽	1小匙	橄欖油	少許

» 作法

1. 製作原味麵疙瘩（參閱P.6）漂涼備用。
2. 地瓜葉洗淨後去老梗；胡蘿蔔、南瓜、地瓜洗淨、切塊。
3. 紅棗、當歸、黃耆先熬湯，撈掉當歸、黃耆渣，再放入地瓜葉、胡蘿蔔、南瓜、地瓜、麵疙瘩，煮熟後調味，滴入幾滴橄欖油即可。

主廚的貼心小叮嚀

紅棗、當歸、黃耆先熬湯，再撈掉當歸、黃耆渣，吃起來口感才好。

主廚懷念

簡單的料理，卻有著滿滿的溫情，以前農村生活很苦，看天吃飯，天氣晴全家都得到田裡工作，只有下雨天才會待在家裡，此時，母親就會煮這道叫做番薯鹹的料理。直到現在，我都非常懷念孩提時全家只吃這一鍋番薯鹹，就充滿幸福快樂的情境，因此，我稱它為「農村幸福快樂餐」。

農村幸福快樂餐。

» 材料（1人份）

a.高筋麵粉	1杯
水	1/2杯
鹽	1小匙

b.芹菜	1棵
胡蘿蔔	1/2條
地瓜	1條
鮮香菇	2朵
南瓜	1/8個
地瓜葉	1把
高麗菜	1片

» 調味料

醬油	1大匙
鹽	1小匙
香油	1大匙
胡椒粉	適量

» 作法

1 芹菜切末；胡蘿蔔、地瓜、香菇、南瓜洗淨，切塊；高麗菜、地瓜葉洗淨，切塊備用。

2 製作原味麵疙瘩（參閱P.6）漂涼備用。

3 起鍋，放入適量的水（約八分滿，亦可用燙煮麵疙瘩的水）將胡蘿蔔、地瓜、香菇、南瓜、高麗菜、地瓜葉放入鍋中和麵疙瘩一起煮熟，調味後放入芹菜末。

主廚心聲

民國五〇年代，大家孩子生的多，生活非常困苦，窮人家的孩子，尤其出生序在前五名的孩子，沒有錢讀書又要幫家計，做總鋪（廚師）是較多人選擇的路，管吃又管住，當學徒沒薪水，只有幾塊錢的零用錢，當時的人非常節儉又顧家，零用錢捨不得花，拿到零用錢都如數交給父母親；生病時大師傅就會煮碗地瓜芥菜麵疙瘩給小徒弟吃。

廚師的故事。

» 材料（1人份）

a.高筋麵粉	1杯
水	1/2杯
鹽	1小匙
b.芥菜	1棵
地瓜	1條
薑	1小塊
鮮香菇	1朵
洋菇	1朵

» 調味料

鹽	1大匙
醬油	1大匙
香油	1大匙
胡椒粉	適量

» 作法

1 芥菜、薑、香菇、洋菇洗淨後切片；地瓜去皮、洗淨、切塊。

2 製作原味麵疙瘩（參閱P.6）。

3 起鍋，放入適量的水（約八分滿，亦可用燙煮麵疙瘩的水）將薑、地瓜、芥菜、香菇、洋菇放入鍋中和麵疙瘩一起煮熟，調味後滴幾滴香油，最後胡椒粉撒多一點。

自然食趣 14

麵疙瘩100%料理

國家圖書館出版品預行編目 (CIP) 資料

麵疙瘩 100% 料理 / 邱寶鈅著 . -- 初版 . -- 新北市：養沛文化館出版：雅書堂文化發行，2013.09 印刷
面；　公分 . -- (自然食趣 ; 14)
ISBN 978-986-6247-78-1(平裝)

1. 麵食食譜 2. 素食食譜

427.38　　　　102016686

作　　者／邱寶鈅
社　　長／詹慶和
總 編 輯／蔡麗玲
執行編輯／林昱彤
編　　輯／蔡毓玲．劉蕙寧．詹凱雲．黃璟安．陳姿伶
執行美術／李盈儀
美術編輯／陳麗娜．周盈汝
出 版 者／養沛文化館
發 行 者／雅書堂文化事業有限公司
郵政劃撥帳號／ 18225950
戶　　名／雅書堂文化事業有限公司
地　　址／新北市板橋區板新路 206 號 3 樓
電　　話／ (02)8952-4078
傳　　真／ (02)8952-4084
網　　址／ www.elegantbooks.com.t w
電子信箱／ elegant.books@msa.hinet.net

2013 年 10 月初版一刷　定價／ 240 元

總經銷／朝日文化事業有限公司
進退貨地址／新北市中和區橋安街 15 巷 1 號 7 樓
電話／（02）2249-7714　傳真／（02）2249-8715
星馬地區總代理：諾文文化事業私人有限公司
新加坡／ Novum Organum Publishing House (Pte) Ltd.
20 Old Toh Tuck Road, Singapore 597655.
TEL：65-6462-6141　FAX：65-6469-4043
馬來西亞／ Novum Organum Publishing House (M) Sdn. Bhd.
No. 8, Jalan 7/118B, Desa Tun Razak, 56000 Kuala Lumpur, Malaysia
TEL：603-9179-6333　FAX：603-9179-6060